低盐 + 健康，
玻璃罐时尚腌菜
自己做

甘智荣 ◎ 主编

黑龙江科学技术出版社
HEILONGJIANG SCIENCE AND TECHNOLOGY PRESS

图书在版编（CIP）数据

　　低盐 + 健康，玻璃罐时尚腌菜自己做 / 甘智荣主编 . -- 哈尔滨：
黑龙江科学技术出版社，2017.9

　　ISBN 978-7-5388-9197-3

　　Ⅰ . ①低… Ⅱ . ①甘… Ⅲ . ①腌菜 – 菜谱 Ⅳ .
① TS972.121

　　中国版本图书馆 CIP 数据核字 (2017) 第 087802 号

低盐 + 健康，玻璃罐时尚腌菜自己做

DIYAN+JIANKANG，BOLIGUAN SHISHANG YANCAI ZIJI ZUO

主　　编	甘智荣
责任编辑	马远洋
摄影摄像	深圳市金版文化发展股份有限公司
策划编辑	深圳市金版文化发展股份有限公司
封面设计	深圳市金版文化发展股份有限公司

出　　版　黑龙江科学技术出版社

　　　　　地址：哈尔滨市南岗区公安街 70-2 号 邮编：150001

　　　　　电话：（0451）53642106 传真：（0451）53642143

　　　　　网址：www.lkcbs.cn www.lkpub.cn

发　　行　全国新华书店

印　　刷　深圳市雅佳图印刷有限公司

开　　本　723 mm×1020 mm 1/16

印　　张　8

字　　数　120 千字

版　　次　2017 年 9 月第 1 版

印　　次　2017 年 9 月第 1 次印刷

书　　号　ISBN 978-7-5388-9197-3

定　　价　29.80 元

序言 Preface

　　腌渍是一种很古老的保存食品的方法，它是将腌渍调料与食品混合拌匀后，让食盐或食糖等调料渗入食物的内部，提高其渗透压，从而控制微生物的活动，延长保存的时间。经过腌渍的食物，非常便于贮存，而且形成了独特的风味，还有刺激食欲，帮助消化的作用，因而深受人们的喜爱。

　　制作所有美味都需要优质的食材，腌菜也不例外。新鲜而不易储存的蔬菜、水果是最适合用来腌渍的食材，它们具有天然的香气，而且水分丰富，很容易与腌渍调料发生奇妙的反应，"变"出独特的味道和口感。制作腌菜时需要注意，选择的蔬果一定要新鲜，最好不要使用已经放置过一阵子的蔬果。

　　夏季能够买到的蔬果种类最为丰富，因此是制作腌渍食品的最佳季节。天然蔬果中富含多种维生素和矿物质，它们能够及时补充人体随汗液流失的能量，并具有清热消暑

的作用。比如，橙子、柠檬等柑橘类水果中富含维生素 C 及芬芳性挥发油，能够修复紫外线对皮肤的损伤、防止自由基引发的细胞癌变及衰老，并能舒缓神经，使人心情愉悦；紫甘蓝中富含花青素，具有极强的抗氧化能力，能帮助身体提高免疫力，使人不容易生病。加入腌渍蔬果中的各种香辛料和香草不仅能使蔬果的味道更丰富，还能有效抑制杂菌的生长，防止变质。

说到腌菜制作，可能很多人马上想到了传统的腌菜加工：准备一个大容器，将伴有大量食用盐、剁椒等调味品的蔬果装入，再密封腌渍一段时间。传统的腌菜虽然流传了几千年，很多腌菜都广受欢迎，但由于加入了大量的盐分，不宜大量、长时间使用，如今随着人们越来越重视健康饮食，我们急切需要不失腌菜风味的健康腌菜。

本书就是一本介绍低盐 + 健康的时尚腌菜，它们的制作方法都非常简单，不管您有没有烹饪经验，只需打开本书，准备好对应的材料、调料、容器，就能跟着制作过程轻松制作了，本书精心挑选了 35 道美味腌菜供大家学习制作。

做好一罐腌菜只需要花上十几分钟，这样在一段时间内都可以随时品尝到用这些食材制成的风味小菜，如沙拉、小炒、三明治等。在本书的最后，推荐了 15 道用腌菜制作的精美料理，希望能抛砖引玉，为您开启美味健康的腌渍时光！

目录 CONTENTS

Chapter 1
低盐 + 健康，自制腌菜安心吃

一、腌菜的文化史.................................002

二、腌菜，其实也可以很健康.................006

三、腌菜的基本调料.............................008

四、盐的使用方法.................................009

五、腌菜的选材、制作、装罐与贮存........010

Chapter 2
简单又开胃的单味腌菜

腌白萝卜条...017

辣腌黄瓜...019

咖喱腌花菜...021

柠香腌南瓜...025

糖渍栗子...027

水嫩腌西红柿.....................................029

酸辣娃娃菜...031

香辣腌茄子...035

酸辣大蒜...037

开胃腌辣椒...039

清爽腌芦笋...041

五香腌毛豆...043

紫苏腌牛蒡 045

脆腌苦瓜 049

剁椒腌蒜薹 051

风味腌豆角 053

果醋渍甜菜根 055

糖醋四季豆 057

Chapter 3
多味腌菜，
好看又好吃

腌萝卜彩椒丝 063

蜜渍柠檬苹果 067

鲜脆腌彩椒黄瓜 069

糖渍莲子百合 071

腌胡萝卜芹菜 073

腌双色甘蓝 075

莴笋海带腌娃娃菜 077

洋葱腌樱桃萝卜 081

橘子香醋萝卜 083

香橙腌冬瓜 085

三色红枣腌菜 087

爽口腌西芹莲藕 089

豆芽芹菜腌海带 093

辣椒腌黄瓜包菜 095

柴鱼腌洋葱 097

醋梅腌圣女果 099

油渍秋葵玉米笋 101

Chapter 4
换个口味，
腌菜变身人气料理

彩椒黄瓜拌鸡丝 106

芦笋培根吐司 107

柠檬苹果吐司条 108

苦瓜鸡蛋饼 109

杂拌腌菜 110

紫绿甘蓝樱桃萝卜沙拉 111

蒜薹炒鸡胸肉丁 112

莲子百合拌豆干 113

蟹柳洋葱丝 114

开胃肉丝 115

圣女果豆腐 116

木耳拌牛蒡 117

彩椒牛肉 118

秋葵玉米笋炒肉末 119

栗子焖鸡 120

Chapter 1

低盐 + 健康，
自制腌菜安心吃

市面上贩售的罐装腌菜中含有大量防腐剂，让人担忧。自己制作不但不会有健康疑虑，且也能享受制作过程中烹调的乐趣。本书以低盐、健康为原则，在原有腌菜的基础上进行改良，减少盐的用量，但风味不减，力求为读者打造健康又时尚的玻璃罐腌菜！

一

腌菜的文化史

腌菜在各国各地有着不同的名称。在中国内地及中国台湾，一般被称为腌菜或酱菜，指的是放入瓮罐的菜；日本人称为"渍物"，是指将食材浸入盐水或醋中；韩国人称为泡菜，是指将蔬菜浸入辣椒水中。本节将带你回顾一下中国腌菜和酱菜、日本渍物、韩国泡菜的文化史。

1. 中国腌菜

在中国，最早于纪元前周朝就开始有制作腌菜的记录，在当时被称为"菹"，在《诗经·小雅·信南山》中记载道："中田有庐，疆场有瓜。是剥是菹，献之皇祖。"而宋朝陆游也有一首雪夜诗说道："菜乞邻家作菹美，酒赊近市带醅浑。"

而到了 20 世纪三四十年代，尤其是中国北方农村，因为冬天天气寒冷，为了保存食物，常会在当地蔬菜收成的季节，取一部分来做腌菜，因此几乎每户每家常会有许多酱缸。直到现今，在北方农村中，仍有不少人保留了这个习惯。

腌菜除了作为填腹的副食，在中国某些地方还有文化的意义。如在汉中地区就有句俗语"嫁妆没腌菜，女儿头难抬"，意思是指在嫁妆中必须要有腌菜，所以当地的母亲，通常家中的女儿长到十七八岁时，就会开始准备"嫁妆菜"，通常腌渍的品种越多，女儿出嫁时就会越显得光彩。制作嫁妆菜的选择以茴香、春笋等为多，且都不切断，以一把一把为主，是嫁妆的必需品，也是招待宾客的佳肴。

在嫁妆品项中，还有被称为"腌菜酒"和"腌菜茶"的品项。"腌菜酒"是闹洞房的必备品，桌上摆有各种腌菜和酒、水果等，除了新郎新娘外，还有闹洞房的青年男女，大家在新房里边吃边唱歌，开心庆祝。到了第二天，新娘一早会将陪嫁的腌菜摆好，泡上好茶，然后请双方亲属围桌喝茶吃腌菜，这就是所谓的"腌菜茶"。由以上可见腌菜在当地的重要地位。

2. 中国酱菜

　　酱菜由中国内地传入台湾省。20 世纪四五十年代的妇女在一清早听到巷口传来"当当当"的酱菜车摇铃响声时，就会吩咐大一点的孩子或是自己拿着一个深碟子，到酱菜推车旁，看着摆在里面的各式酱菜，一边挑选着豆腐乳、酱瓜、嫩姜，一边拉家常。然后回家以酱菜配稀饭，浸润在美好的晨曦中，开始一天的生活。因此酱泡菜成为台湾人最熟悉的食物。

　　后来，由于时代的变迁，人们生活习惯的改变，酱菜的经营方式逐渐转移到清晨或黄昏传统市场中。虽是一个个装着各式酱菜的红绿酱菜篮，却也在婆婆妈妈和老板的讨价还价与嘘寒问暖中，仍保有人情的温度。

　　接着，从五六十年代起，为了顺应逐渐便利的生活习惯，以品牌为主的玻璃罐装或铝制罐头装的酱菜产品纷纷出炉了。酱菜的面貌就如同时代的演进般不断地转变，滋味或许没改变，但酱菜中人们对生活的特殊情感，却因生活的演变而产生不同的变化。

3. 日本渍物

　　日文的渍物意为中文的腌菜、咸菜、酱菜，主要是将野菜、鱼类、肉类，加入盐、醋、米糠、味噌、酒糟等将其酱泡或发酵。

　　渍物于明治时代初期传进日本，最早有关渍物的文献记录出现在 8 世纪的奈良时代。因此可得知日本食用渍物的历史非常久远，至今仍影响着日本人的饮食。对于和食派的日本人来说，渍物是每餐都会出现在餐桌上的副食之一，配上热腾腾的白饭与味噌汤，就能让他们感到非常满足。

　　渍物最著名的搭配方式就是和日本咖喱饭一同出现。这是起源于大正时代，当时日本的欧洲周游航路客轮，在头等舱食堂的咖喱饭旁佐以福神渍，至此便成为日本咖喱饭的必备酱菜。其味道咸酸甜，刚开始推出时默默无闻，但到了甲午战争时成为军粮，士兵吃后大受好评。而后大正时代，因为有爽脆感，配上浓郁的咖喱，可增加口感。直到现在，日本的咖喱专卖店已经转换为另附上一碟装有五六种渍物的容器，让客人按口味食用。

　　目前，在材料选择上，日本渍物除了韩式泡菜和台式酱菜中常见的白菜、萝卜、黄瓜等蔬果类，以及鱼、虾、牡蛎等海鲜材料外，还会利用花朵、蛋黄等制作，或是将新鲜鱼卵加入其他的材料制作，几乎是能吃的材料都拿来酱泡。因此日本渍物在口感、种类与外观颜色上，都比韩式和台式腌酱菜来得丰富与多变化。

4. 韩国泡菜

韩国的酱泡菜以泡菜为主。据说韩国的泡菜来源于中国的酱菜，原本单纯以盐酱泡蔬菜的方法传到韩国后，由于饮食习惯的差异，韩国人将其加以改良。而后 17 世纪西班牙人将于新大陆发现的辣椒，通过贸易传到韩国后，韩国人就开始利用辣椒来腌渍蔬菜，加上韩国冬季寒冷，蔬菜量较少，所以当地人将泡菜视为摄取蔬菜的来源。

口味上以北方清淡、南方浓重为分别。主要原因在于韩国北方为了应付 3~4 个月的食用期，所以在冬天腌渍泡菜时，会加入少许的辣椒粉和盐。为避免长期储存导致泡菜过于咸辣，若是短期内就要品尝的泡菜，会选择加入酱泡海鲜，故在盐分的使用量上较少。

而南方地区的气候虽然比较温暖，但在冬天为了防止泡菜腐坏，必须加入多量的盐及辣椒，且水分较少，鱼露用得多。韩国人制作酱泡菜的材料以白菜、萝卜为主，广义的酱泡菜则还包含了小青椒、南沙参、小黄瓜、桔梗等；如果在沿海地区，则会加入酱泡过的鱼、虾、牡蛎等海鲜，呈现多样的泡菜风味。

除了爱吃泡菜，为了让韩国泡菜文化不断地流传，制作泡菜在韩国也是重要的活动，成为韩国人一项必备的传统技术。还有一种说法是，女人在结婚前至少得学会做 12 种泡菜，并要随着季节气候的变化，腌渍不同的蔬菜。

直到今天，韩国的主妇们仍习惯在 11 月底至 12 月之间制作各种泡菜，并将该项全国性的活动称为"泡菜节"。此外，由于新一代的小家庭都住在公寓，甚至还发展出泡菜专用的冰箱来贮存泡菜呢！这些都是韩国因为环境气候而衍生的泡菜文化。

二 腌菜，其实也可以很健康

一般市面上出售的腌菜，给人的印象是重盐、重糖，吃多了对身体不好。而自制腌菜，因为讲究健康自然，不仅减低了盐分、糖分和油分，加上辅以冰箱的保存方式，不仅更为健康，也可以依照家庭人口来制作，随时替换口味，因此也不用再担心使用防腐剂的问题。

1. 重盐防腐转变为冰箱保存

在腌菜时常会用到盐，主要是因为盐具有脱水作用，能够去除食材所含的水分，具有抑制细菌繁殖的作用。且当水分从细胞内渗透出来时，也会让蔬果的纤维逐渐软化，所以用盐来制作腌菜，就会让易腐坏的蔬菜得以长期保存，也可以让味道更能浸透。

再者，因为大量的盐会破坏蔬菜中的酵素结构，抑制其生长，无法发酵，所以当在蔬菜里加入了盐，会让蔬菜中的酵素无法继续产生作用，从而达到防腐的作用。此外，因为部分蔬菜种植时所施肥料中含氮，致使土壤中含氮量过高，蔬菜在土壤中吸收氮氧转化成硝酸盐会存在于部分蔬菜中，通过盐的腌渍后，经过冲水去盐分过程，让硝酸盐含量降低，这样可以避免人吃后在体内产生致癌因子的风险。但是如果采用盐制作腌菜，则需要经过较长的时间，让盐有充分的时间进行作用，如腌冬瓜就需要腌渍 3~4 个月的时间。

不过，加大盐的用量来增长保存时间这一局限已被冰箱打破。在冰箱普遍的时代，并不需要将腌菜做太过长期的保存。我们制作腌菜的方式是将盐分减少，换做冰箱保存，从而吃到更健康的腌菜。

2. 自制腌菜，吃出健康滋味

新式的腌菜强调从天然食材中摄取健康，通过调味料中改变食物滋味，再由冰箱保存，就能使食物保鲜，以下就让我们来了解一下自制腌菜的好处吧！

（1）产生好菌

蔬菜在自然发酵过程中会产生乳酸菌，所以会有其独特的酸味，因此腌渍后蔬菜的外形会蜷缩变脆，组织也呈现软化的现象，颜色也不如新鲜时好看，但这就是自然发酵后的样貌。另外，在腌渍过程中，由于会产生如乳酸菌的微生物，有促进食欲、加强吸收的作用，帮助肠胃消化，进而增加免疫力、提高身体抵抗力。而也因为腌菜中仍保有丰富的食物纤维，因此也可以和腌渍过程中的乳酸菌产生相辅相成的效果，让肠胃更加健康。

（2）平衡体质

制作腌菜时，会使用白醋等调味料，每天如能摄取适量的酸，不但可以帮助体内脂肪燃烧，也可以避免囤积过多的脂肪，并抑制体内坏菌的生长，达到养颜美容与体质酸碱平衡健康的双重效果。又或者使用香料，如辣椒、大蒜等，可以促进食欲，帮助消化，并且有杀菌、增进血液循环与调节内分泌的作用。从以上可以发现，腌菜中主要的调味料是盐、辣椒或醋，有时也会加入糖，除了甜味外，脂肪含量很少，所以热量低，加上大多作为小配菜，搭配米饭或粥食用，并不会摄取太多，所以并无须太过担忧摄取盐分过多会产生的健康问题。

（3）保留维生素

生鲜蔬菜中含有丰富的维生素，但在烹调过程中，水溶性的维生素常容易在加热的过程中流失。当蔬菜做成腌菜时，因大多无须加热烹调，因此可以保存较多的 B 族维生素和维生素 C。总体来说，腌菜除了对皮肤、神经与免疫系统有益，还可以降低血液中的三酰甘油脂和胆固醇，所以腌菜也可以说是人们摄取生鲜蔬菜外，另一种补充维生素的来源。

（4）摄取纤维素

如胡萝卜、白菜、小黄瓜等蔬菜在腌渍后，仍保有大量的纤维素，加上脂肪含量极少，所以对于忙碌、没有时间餐餐摄取新鲜蔬菜的上班族而言，不失为一个纤维素的良好来源。除可借助腌菜清除体内多余的脂肪，更能够刺激肠胃蠕动，达到预防与改善便秘的目地，其纤维素也因为能够增加胰岛素的分泌，进而能够预防糖尿病和肥胖症。

三 腌菜的基本调料

一瓶调味料能对腌菜起到极大的化学作用，因而改变食物的风味，譬如食醋能让食物产生防腐力，也能增添滋味；糖能去除蔬菜的涩味等。有了这些让食物千变万化的调味料，才能做出好滋味的腌菜。

1. 食醋

食醋是制作腌菜的核心调料之一，能延长腌菜的保存期限。一般来说，食醋中以酿造醋的味道和香气最佳，酿造醋包括陈醋、香醋、米醋等。水果醋的香气和味道则较为浓郁。

2. 盐

腌渍用的盐包括粗盐和细盐（即平时食用的盐）。大部分腌菜汁是将各种原料加水煮沸制成的，但也有些腌菜汁不用加热，搅匀到盐分溶化即可。因此细盐更适合制作各类腌菜汁。

3. 砂糖

砂糖指甘蔗汁经过太阳暴晒后而成的固体原始蔗糖，分为白砂糖和赤砂糖两种。各种砂糖的颗粒大小不尽相同，有些砂糖不易溶于水。此书中的砂糖统一用白砂糖。

4. 蜂蜜

蜂蜜除了有甜味，还具有柔和顺滑的口感，可以单独使用，也可与砂糖混合使用。等量的蜂蜜比白砂糖要甜，使用时可根据所需的甜味增减用量。

5. 香辛料

香辛料可赋予食物以风味，有增进食欲、帮助消化吸收的作用。常用来制作腌菜的香辛料有胡椒、八角、丁香、桂皮、咖喱粉、五香粉、大蒜、生姜、辣椒等。

6. 香草

跟香辛料相比，香草的味道更加丰富多变，且在增加香味的同时，不会对腌菜的整体味道产生影响。常用来制作腌菜的香草有薄荷、紫苏、迷迭香、薰衣草等。

四

盐的
使用方法

新鲜蔬菜加盐，会改变它的酸碱值，起到去水分、防腐作用，并有利微生物繁殖，促成发酵变酸。但是，各种不同使用方式也影响盐的功能。

★撒盐

食材上撒盐对于食材而言，可以让盐均匀分布在食材上，放置一段时间，既能去除水分，又具防腐作用。

★泡盐水

食材泡盐水能让食材变软，加速调味料腌渍的过程。

★搓盐

食材在经过盐搓洗后，3~4 小时以后，会去除多余水分，软化纤维，并能达到防腐作用。

★在盐袋中上下摇晃

食材放在塑料袋中，撒入盐上下摇晃，既能去除食材中的水分，又能达到软化作用。

五
腌菜的选材、制作、装罐与贮存

在制作腌菜时，除了调料外，蔬菜占有非常重要的地位，蔬菜的好坏决定腌菜的品质。其次，腌菜的制作、装罐和贮存也是至关重要的。

1. 挑好蔬菜，做好腌菜

蔬菜品质会影响腌菜的成败，因此挑选蔬菜对腌菜产生关键性的影响。

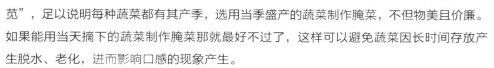

（1）当季蔬菜物美价廉

俗话说"正月葱，二月韭，三月苋"，足以说明每种蔬菜都有其产季，选用当季盛产的蔬菜制作腌菜，不但物美且价廉。如果能用当天摘下的蔬菜制作腌菜那就最好不过了，这样可以避免蔬菜因长时间存放产生脱水、老化，进而影响口感的现象产生。

（2）选择保存时间长的蔬菜

虽然说大部分的蔬菜都能制作腌菜，但一般来说，以质地鲜嫩、组织密实坚硬、含水量少的蔬菜为主，这样的蔬菜做出来的腌菜口感更加爽脆，如大蒜、大头菜、胡萝卜等。

（3）酸甜味蔬菜更适宜浸泡

因为腌菜多会腌至发酵才能产生自然的酸甜味，所以可以选择甜分较高的蔬菜，如红萝卜、大头菜、包菜、大白菜等。也建议选择本身具有清脆口感的蔬菜，这样既能长期浸泡，还能保持干脆的口感，如小黄瓜、白萝卜、嫩姜等。

（4）了解蔬菜原产地

如果能知道蔬菜种植的原产地，那就更能增加腌菜的品质。因为产地蔬菜通常在气候、土壤、种植方式上都有一定的优势，才能种植出品质较佳的蔬菜。因此，如果能在挑选的时候进一步了解蔬菜的产地，将能提高自制腌菜的品质。

2. 腌菜的制作步骤

（1）洗

蔬菜洗净，沥干水分，再充分擦干（如果用小苏打水清洗，效果更佳）。

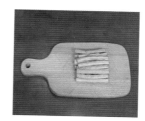

（2）切

切成适宜的大小或长短。

（3）腌

对不易入味的蔬菜进行预腌渍。

（4）备

准备调料。

（5）熬

将所有调料熬煮成腌菜汁。

（6）装

切好的蔬菜装入大小适宜的容器。

（7）倒

倒入腌菜汁。

（8）藏

盖上瓶盖，自然冷却后放入冰箱冷藏。

3.从木桶到玻璃罐，腌菜换了新面貌

好的器具是掌握腌菜成败的关键因素之一，让我们来对照一下早期和现代制作腌菜时会用到的器具吧！

| 1. 木桶 | 2. 陶缸 | 3. 玻璃容器 |

木桶是早期用来制作腌菜的器具，由于木材不会影响腌菜的风味，因此这是早期使用木桶的原因。不过因为木材有容易吸收水分的特性，因此用于腌菜时，如果保存不当就容易发霉，且经过长时间使用也容易产生裂痕，从而导致漏水，所以现在已经很少使用木桶来装腌菜了。

陶缸因为具有耐酸、不易漏水的特性，加上厚度适中，能够维持腌菜的发酵，使之保持恒温状态，所以可说是目前最适合用来盛装腌菜的容器。但应避免用全新陶缸制作腌菜，以防制作过程中重金属的释放。如果一定要用新缸，可先用酸醋水浸泡，再反复清洗后再使用。另外，陶缸有个缺点，就是通常会比较重。

玻璃容器是具有耐酸性质的器具，加上其透明可见的特性，可以方便观察腌菜的腌渍情况，再者又方便清洗，所以深受人们的青睐。相较于早期的玻璃容器，现在更生产出了各式大小，附有内衬橡胶圈、密封性良好或盖紧时还有加压扣开关的玻璃罐，除更能提高隔绝空气的效果，适合用来装放味道强烈的腌菜外，还提高了选择的便利性。

4. 腌菜的贮存方法

自制的腌菜没有添加任何防腐成分，添加的盐和糖也不是很多，所以很难长期储存。因此，自制的腌菜在制作好之后需要立即冷藏，并尽快食用完。如果希望腌菜保存的时间稍长一些，可以根据具体情况，适当采用以下几个方法。

（1）对容器进行消毒

首先，制作腌渍蔬果不能选择污染过的容器，如装过非食品类化学物质的容器。其次，即使是新的容器，上面也有很多肉眼不可见的细菌，这些细菌有可能影响腌菜的发酵，甚至造成腌菜变质、腐坏。所以在使用前务必对容器进行彻底的消毒处理。

（2）充分密封

把腌菜和腌菜汁全部倒入容器之后，立即盖严盖子，并倒置储存。如果是热的腌菜汁，可以在盖严盖子之后，在室温下冷却，然后倒置放入冰箱，这样可以防止空气从瓶口的缝隙中进入容器，从而防止腌菜变质。腌渍蔬果一旦开盖食用之后，就不宜再倒置储存，因为容器内的压力不够大，腌菜汁容易流出。用大罐子储存的腌菜，在食用一段时间之后可以将剩余的菜转移到小罐子中，以减少容器中的氧气量，同样有利于防止变质。

（3）密封后再煮沸

将食材和腌菜汁倒入容器中，盖严盖子，然后将容器放入冷水中煮沸。随着温度的升高，容器中残留的空气会逸散出来，在容器内形成接近真空的状态，从而提高密封效果。使用这种方法要保证容器具有一定的耐热性，而且只适用于坚硬大块的食材，不适用于小块或过于柔软的食材。

（4）再次煮沸腌菜汁

如果容器没有消毒，最好的补救方法是在腌渍一定的时间之后，将容器中的腌菜汁全部倒出，再次煮沸，待冷却后重新倒回容器中。煮沸的过程可以杀死腌菜汁中残留的细菌，防止腌菜变质。这个方法可以重复1或2次，但不适用于比较绵软的腌渍食材。

Chapter 2

简单又开胃的
单味腌菜

单味腌菜，指只含有一种蔬菜的腌菜，也是做法最为简单的腌菜。
本章介绍了 18 道单味腌菜，都是用生活中随处可见的蔬菜制作
而成，它们不含过量的糖分、油脂，不仅健康，而且还经济实惠。

腌白萝卜条

白萝卜含有淀粉酶等多种消化酶，能分解食物中的淀粉和脂肪，促进食物消化，还可以缓解夏天易出现的消化不良现象，解除胸闷，并抑制胃酸过多。

♥ 口味：爽口、微酸　❋ 保存期限：冷藏 1 个月

材料准备

白萝卜 ....300 克

调料准备

粗盐 ....1/2 大勺
米醋 ....1/4 杯
白砂糖 ....1/4 杯
盐 ....1/2 小勺
胡椒粒 ....1/2 小勺
香叶 ....2 片

操作步骤

1 白萝卜去皮、洗净，沥干后切成条。

2 将白萝卜条放入碗中，撒上粗盐，搅拌均匀后腌 10 分钟，清洗后沥干。

3 在锅中放入适量水及全部的腌菜汁调料，煮至白砂糖完全溶化。

4 把白萝卜条竖着放入容器中，摆放整齐。

5 倒入煮好的腌菜汁，盖上盖子，冷却后放入冰箱，腌 1~2 天即可食用。

辣腌黄瓜

黄瓜含有维生素 B_1，可以治疗夏季容易出现的失眠症状，对改善大脑和神经系统功能有利，能安神定志；黄瓜中的膳食纤维还有助于消化、促进排便。

❤ 口味：辣、微酸　　✳ 保存期限：冷藏 1 个月

材料准备

黄瓜 .... 2 根
大蒜 .... 3 瓣
干辣椒 .... 1 个

调料准备

粗盐 .... 1 小勺
陈醋 .... 1/4 杯
白砂糖 .... 2 大勺
盐 .... 1 小勺
八角 .... 2 个
辣椒油、酱油 .... 各 1 大勺
胡椒粒、丁香 .... 各 1 小勺

操作步骤

1 黄瓜洗净后对半切开，再切成小块。

2 在黄瓜上撒上粗盐，腌 20 分钟后洗净，捞出沥干。

3 干辣椒去蒂，切成圈；大蒜剥皮、去蒂，再切成末。

4 在锅中放入水、陈醋、白砂糖、辣椒油、酱油、盐和蒜末，搅拌至白砂糖和盐完全溶化。

5 把胡椒粒、丁香、八角和干辣椒也放入锅中搅拌，煮沸成腌菜汁。

6 把黄瓜和热腌菜汁搅拌均匀，倒入容器中，冷却后放入冰箱，腌 2 天即可食用。

咖喱腌花菜

花菜含有丰富的维生素 C，可以缓解夏季感冒。常食花菜还能增强肝脏的解毒能力，并能提高人体的免疫力，增强抗病能力。

♥ 口味：辛辣、清脆　✳ 保存期限：冷藏 1 个月

材料准备

花菜 ....1/2 个
红椒 ....1 个

调料准备

米醋 ....1/2 杯
白砂糖 ....4 大勺
盐 ....2 小勺
咖喱粉 ....1 大勺
香叶 ....1 片
橄榄油 ....2 大勺

1 花菜清洗干净,切成或掰成大小适宜的小朵。

2 红椒洗净,切成圈,备用。

3 取一干净的锅,注入适量的清水煮沸,放 2
小勺盐。

4 放入花菜,焯煮 30 秒,捞出过一遍凉水,
沥干。

5 另起锅，在锅中放入腌菜汁调料，煮至白砂
糖完全溶化。

6 把花菜、红椒圈放入容器中。

7 倒入热腌菜汁，盖上盖子，冷却后放入冰箱，
腌 1~2 天即可食用。

Tips

咖喱的主要成分是姜黄粉、川花椒、八角、胡椒、桂皮、丁香和芫荽籽等含有辣
味的香料，能促进唾液和胃液的分泌，增加胃肠蠕动，增进食欲。

柠香腌南瓜

南瓜富含果胶，能温和地疏通肠胃，并保护胃肠道黏膜免受刺激，促进溃疡面愈合，同时促进胆汁分泌、帮助食物消化。

❤ 口味：香甜、微酸　✱ 保存期限：冷藏 1 个月

材料准备

南瓜 .... 1/2 个

柠檬 .... 1/2 个

调料准备

米醋 .... 1/2 杯

白砂糖 .... 1 杯

五香粉 .... 1 小勺

操作步骤

1 南瓜去皮，切成 2 厘米见方的块；柠檬切成片，再对半切开。

2 在锅中放入适量水及腌菜汁调料，煮至白砂糖完全溶化，关火后静置 10 分钟。

3 再次开火，放入南瓜，中火煮 3 分钟后关火，静置 5 分钟左右。

4 把南瓜和腌菜汁倒入容器中，盖上盖子，冷却后放入冰箱，腌 3~4 天即可食用。

糖渍栗子

板栗富含蛋白质、脂肪、糖类、钙、磷、铁、锌、多种维生素等营养成分，有健脾养胃、补肾强筋、活血化瘀之功效。

❤ 口味：甜、微咸　　✳ 保存期限：冷藏 1 个月

材料准备
去皮栗子..................300 克

调料准备
盐 .... 1 小勺
冰糖 ....2 大勺
米酒 .... 1 小勺

操作步骤

1 栗子洗净，加适量水以大火煮滚后转小火，焖煮 15 分钟。

2 加入调味料一起煮开后转小火煮 5 分钟，加入盖过栗子的水煮开后熄火，放凉。

3 将栗子和腌菜汁倒入玻璃罐中，盖上盖子，冷却后放入冰箱，冷藏 5 天后即可食用。

水嫩腌西红柿

西红柿含有番茄红素及苹果酸、柠檬酸等有机酸，能促使胃液分泌，增加胃酸浓度，改善夏季易出现的肠胃疾病，调整胃肠功能。其中所含有的水溶性膳食纤维，有润肠通便作用，可防治便秘。

❤ 口味：微酸、清香　　✳ 保存期限：冷藏 2 周

材料准备

西红柿.........................2 个
洋葱.........................1/2 个

调料准备

白醋.........................1/2 杯
盐.........................2 小勺
香叶.........................1 片
蜂蜜.........................1 大勺

操作步骤

1 在西红柿表皮划十字刀，放入沸水中略焯，取出放入冷水中，待表皮翘起后将表皮去除。

2 去皮的西红柿切成瓣；洋葱去皮后切成两半，再纵切成 1 厘米宽的片。

3 在锅中放入适量水及除蜂蜜以外的腌菜汁调料，煮至食盐完全溶化，稍微冷却后放入蜂蜜，搅匀。

4 把西红柿和洋葱放入容器中，倒入热腌菜汁，盖上盖子，冷却后放入冰箱，腌 1 天即可食用。

酸辣娃娃菜

娃娃菜和大白菜都属于十字花科的蔬菜，富含维生素A、维生素C、膳食纤维、钾、硒等营养成分，能清除体内的毒素和多余的水分，有利尿、消肿的作用，还能润喉祛燥，食用后使人感到清爽舒适。

♡ 口味：酸辣、清爽　　❋ 保存期限：冷藏 2 周

材料准备

娃娃菜.....................250 克
红辣椒.........................2 个

调料准备

白砂糖......................2 大勺
盐 ....1/2 小勺
米醋..........................适量

操作步骤

1 娃娃菜洗净，沥干。

2 在娃娃菜中加入 1/4 小勺盐，静置 10 分钟。

3 将红辣椒洗净，切成圈。

4 沸水中倒入白砂糖、盐煮至溶化。

5 放入米醋拌匀，放凉。

6 将娃娃菜放入容器中。

7 倒入冷却的腌菜汁，放入辣椒圈，盖上盖子，
   放入冰箱，腌 1~2 天即可食用。

 Tips

要选择新鲜的娃娃菜，做出来的腌菜才会爽口美味，喜欢吃辣的人，可以多加点
辣椒，调料的量可根据个人的口味调整。

香辣腌茄子

茄子性凉，适合夏季容易长痱子、生疮疖的人食用，其含有的膳食纤维和维生素 E 有防止出血和抗衰老等功能，常吃茄子可使血液中的胆固醇水平降低，对延缓人体衰老具有积极的作用。

❤ 口味：软绵、微辣　❄ 保存期限：冷藏 2 周

材料准备

茄子 ....2 根
大蒜 ....1 瓣

调料准备

陈醋 ....1/4 杯
白砂糖 .... 1 大勺
盐 .... 1/2 小勺
香叶 ....1 片
辣椒粉 ....1/2 小勺
胡椒粒 ....1/2 小勺

操作步骤

1 茄子洗净后沥干、去蒂，切成 0.7 厘米厚的片。

2 大蒜剥皮、去蒂，切成片。

3 把茄子、蒜片和 1 杯水倒入锅中，中火煮沸后加入腌菜汁调料，煮 1 分钟左右。

4 把锅中的茄子和汤汁全部倒入容器中。

5 盖上盖子，冷却后放进冰箱，腌 2~3 天即可食用。

酸辣大蒜

大蒜中所含有的硫化合物具有极强的抗菌消炎作用，对多种球菌、杆菌、真菌和病毒等均有抑制和杀灭作用，是目前发现的天然植物中抗菌作用最强的一种。食用大蒜能有效预防夏季易出现的细菌感染性疾病。

♡ 口味：辛辣、咸酸　　❄ 保存期限：冷藏 6 个月

材料准备

大蒜 .... 200 克
绿色小辣椒 .... 1 个
干辣椒 .... 1 个

调料准备

苹果醋 .... 1 杯
白砂糖 .... 2 大勺
盐 .... 1/2 大勺
香叶 .... 2 片
柠檬 .... 1 片
胡椒粒 .... 少许

操作步骤

1　大蒜洗净，沥干水分后去蒂。

2　绿色小辣椒切成 0.5 厘米宽的圈；干辣椒擦净水，剪成 0.5 厘米宽的圈。

3　在锅中放入腌菜汁调料，煮至白砂糖完全溶化，稍微冷却备用；把大蒜和辣椒放入容器中。

4　倒入温热的腌菜汁，在常温下冷却后放入冰箱，腌 2~3 天即可食用。

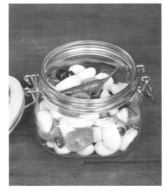

开胃腌辣椒

辣椒能增强肠胃蠕动，促进消化液分泌，改善食欲，并能抑制肠内异常发酵，有利于促进胃黏膜的再生，维持胃肠的正常功能。

♡ 口味：爽口、咸辣　　❋ 保存期限：冷藏 2 个月

材料准备

青辣椒.......................20 个

调料准备

酱油.........................1/2 杯

酸梅汁.......................1/4 杯

白砂糖.......................2 大勺

操作步骤

1　辣椒洗净后沥干，切成菱形段，用牙签在每个辣椒上面扎 3~4 个孔。

2　在锅中放入适量水及腌菜汁调料，煮至白砂糖完全溶化。

3　把辣椒放入容器中，倒入冷却的腌菜汁，盖上盖子，放入冰箱冷藏。

4　腌 2 天后倒出腌菜汁，再次煮沸；冷却后倒回容器中，再腌 1~2 天即可食用。

清爽腌芦笋

芦笋叶酸含量较多，对于夏季怀孕的产妇来说，经常食用芦笋有助于胎儿大脑发育；对于易上火、患有高血压的人群来说，芦笋能清热利尿，好处极多。

💙 口味：清香、微辣　✳ 保存期限：冷藏 1 个月

材料准备

芦笋 .... 10 根
大蒜 .... 2 瓣
干辣椒 .... 1 个

调料准备

白醋 .... 1/2 杯
白砂糖 .... 2 大勺
盐 .... 1 小勺
五香粉 .... 1 大勺

操作步骤

1 切除芦笋老梗，剥去厚表皮；大蒜剥皮、去蒂，用刀拍碎；干辣椒切成圈。

2 把芦笋放入开水中焯煮 15~20 秒，捞出过一遍凉水，沥干水分。

3 在锅中放入 1 杯水及腌菜汁调料，煮至白砂糖完全溶化。

4 把芦笋、大蒜和干辣椒放入容器中，倒入冷却的腌菜汁，盖上盖子，放入冰箱，腌 2~3 天即可食用。

五香腌毛豆

毛豆不仅富含优质蛋白，其钾含量也很高，夏季常食可以弥补因出汗过多而导致的钾流失，从而缓解由于缺钾引起的疲乏无力和食欲下降。此外，钾元素还能帮助身体排出过多的钠盐，具有消除水肿的作用。

❤ 口味：豆香、酸甜　✳ 保存期限：冷藏 1 个月

材料准备

毛豆 .... 100 克

调料准备

苹果醋 .... 1/2 杯
白砂糖 .... 1 小勺
盐 .... 1 小勺
生姜 .... 1 块

操作步骤

1 毛豆切去两端，洗净后放入沸水中煮熟，盛出沥干；生姜去皮后切成薄片。

2 在锅中放入 1/3 杯水及腌菜汁调料，煮至白砂糖完全溶化。

3 把焯水的毛豆及生姜片放入容器中。

4 倒入热腌菜汁，盖上盖子，冷却后放入冰箱，腌 1 天即可食用。

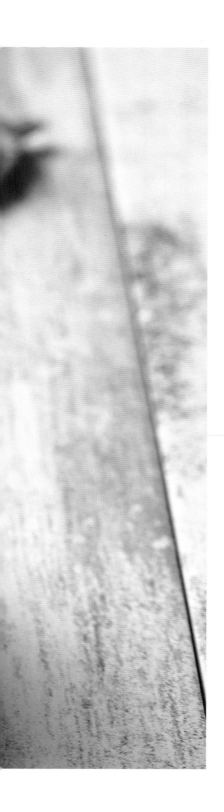

紫苏腌牛蒡

牛蒡含有的膳食纤维具有吸附有害物质的作用，并使其随粪便排出体外，因此经常食用牛蒡能清除肠胃垃圾，缓解夏季易出现的便秘现象。

❤ 口味：清香、爽脆　❋ 保存期限：冷藏 1 个月

材料准备

牛蒡 ....200 克

紫苏 ....1 枝

调料准备

米醋 ....1/2 杯

米酒 ....1/4 杯

白砂糖 ....2 大勺

盐 ....2 小勺

香叶 ....1 片

胡椒粒 ....1/2 小勺

1 紫苏洗净，晾干。

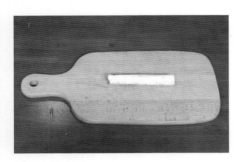

2 牛蒡洗净，用刀轻轻刮去表皮。

3 将牛蒡切成 0.2 厘米厚的片。

4 切好的牛蒡放入水中浸泡 10 分钟，捞出后
　沥干水分。

5 在锅中放入白砂糖、盐、米醋、米酒以及水。

6 再放入香叶和胡椒粒，煮至白砂糖溶化，香料析出味道。

7 把牛蒡和紫苏放入容器中，倒入热腌菜汁，盖上盖子，冷却后放入冰箱，腌2~3天即可食用。

 Tips

紫苏有一种特殊的香味，既能发汗散寒以解表邪，又能行气宽中、解郁止呕，感冒风寒、胸闷、气滞等都适用。

脆腌苦瓜

苦瓜是夏季的时令蔬菜，富含维生素C和膳食纤维，能清除暑热、缓解疲乏、清心明目，可有效缓解夏季易出现的胃炎、口腔炎症、痤疮等，并能防治便秘、排毒瘦身。夏季适量食用苦味食品还对心脏有益。

♥ 口味：微酸、微苦　❋ 保存期限：冷藏 1 个月

材料准备

苦瓜 .... 1 根

调料准备

白醋 .... 1/2 杯
白砂糖 .... 1/2 杯
盐 .... 1/4 大勺
胡椒粒 .... 1 小勺
香叶 .... 2 片
干辣椒 .... 2 片

操作步骤

1　苦瓜洗净，切成厚薄适中的圈，去掉子。

2　将切好的苦瓜放入沸水中焯煮片刻，捞出沥干水分，备用。

3　在锅中放入 1 杯水及腌菜汁调料，煮至白砂糖完全溶化。

4　把苦瓜圈整齐地放入容器中。

5　倒入热腌菜汁，盖上盖子，冷却后放入冰箱，腌2~3 天即可食用。

剁椒腌蒜薹

蒜薹含有辣素,其杀菌能力可达到青霉素的1/10,对病原菌和寄生虫都有良好的杀灭作用,能预防夏季易出现的流感,清除体内炎症。

♡ 口味:微辣、微酸　❋ 保存期限:冷藏 6 个月

材料准备

蒜薹 ....15 根

调料准备

苹果醋 ....1 杯
白砂糖 .... 1 大勺
新鲜茴香 ....1 根
盐 ....1/2 小勺
柠檬 ....1/2 个
胡椒粒 .... 1 小勺
剁椒 .... 1 小勺

操作步骤

1 蒜薹洗净后去除老茎和花苞,备用;柠檬切成薄片,再对半切开。

2 在锅中放入腌菜汁调料,煮至白砂糖完全溶化。

3 把蒜薹卷成环形放入容器中。若蒜薹伸出瓶外,可以用叉子或筷子按压。

4 把腌菜汁倒入容器中,盖上盖子,冷却后放入冰箱中冷藏。

5 一周后倒出腌菜汁,再次煮沸,冷却后倒回容器中。重复此过程一次,再腌 2~3 天即可食用。

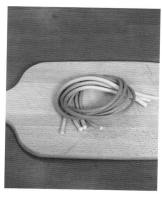

风味腌豆角

豆角性味甘平，健胃补肾，含有易于消化吸收的蛋白质，还含有多种维生素和微量元素等，所含磷脂可促进胰岛素分泌，是糖尿病病人的理想食品。

♥ 口味：酸辣、爽脆　　❋ 保存期限：冷藏 1 个月

材料准备

豆角 ....300 克
红辣椒 ....1 个

调料准备

花椒 .... 1 小勺
盐 .... 适量
白砂糖 .... 适量
醋 .... 1/4 杯

操作步骤

1　豆角洗净，切成段，下入沸水锅中，汆水至熟，捞出；红辣椒洗净切圈。

2　锅中放入腌菜汁调料，煮至白砂糖溶化。

3　将豆角、红椒圈和放凉的腌菜汁倒入容器中，盖上盖子，放入冰箱冷藏 2~3 天即可食用。

果醋渍甜菜根

甜菜根中具有自然红色的维生素 B_{12} 和优质的铁质，是妇女与素食者补血的最佳自然营养品。甜菜根中还含有丰富的镁元素，可调节软化血管的硬化强度和阻止血管中形成血栓，对治疗高血压有重要作用。

♥ 口味：酸甜　✳ 保存期限：冷藏 1 个月

材料准备

甜菜根.........................1 个

调料准备

白砂糖.........................50 克
苹果醋.........................1 杯

操作步骤

1　甜菜根洗净、去皮，切成片。

2　在锅中放入腌菜汁调料，煮至白砂糖完全溶化。

3　把甜菜根放入容器中。

4　倒入冷却的腌菜汁，盖上盖子，放进冰箱，腌2~3 天即可食用。

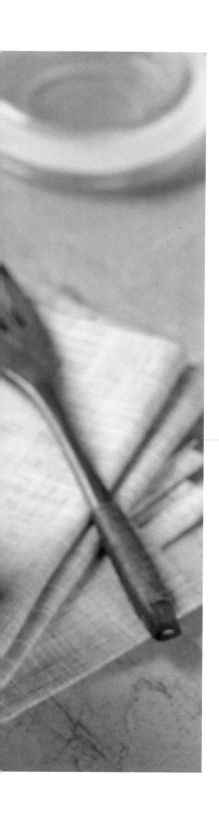

糖醋四季豆

四季豆含有大量铁元素，非常适合缺铁的人。由于四季豆含有许多抗氧化剂和胡萝卜素，对于风湿性关节炎导致的感染,四季豆也是很好的"消炎"食材。

♥ 口味：清脆、辛辣　　❄ 保存期限：冷藏 1 个月

材料准备

四季豆....................200 克
白芝麻..................1/2 小勺
黑芝麻..................1/2 小勺

调料准备

盐 ....2 小勺
白砂糖.................... 1 大勺
白醋....................... 1 大勺
酱油......................2 小勺

操作步骤

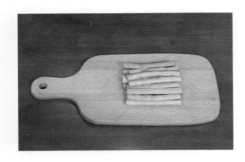

1 四季豆洗净，去两边头尾，再撕除两侧纤维，每根折成两半。

2 取一个干净的锅，放入适量的清水，2 小勺盐，以大火煮滚，倒入四季豆焯烫后捞出。

3 将四季豆放入冰水中，浸泡 5 分钟，取出，沥干水分。

4 在锅中放入腌菜汁调料，开火，煮至白砂糖完全溶化。

5 把四季豆放入容器中，倒入冷却的腌菜汁。

6 撒上白芝麻和黑芝麻。

7 盖上盖子，放进冰箱，腌 2~3 天即可食用。

Tips

腌渍四季豆前，要将四季豆充分煮熟。如果四季豆未煮熟，豆中的皂素会强烈刺激消化道，而且豆中含有凝血素，具有凝血作用。

Chapter 3

多味腌菜，
好看又好吃

多味腌菜，指含有两种或两种以上蔬菜制作而成的腌菜。制作过程比单味腌菜复杂，但是口味上更为丰富。本章介绍了 17 道多味玻璃罐腌菜，既好看又好吃，无论是自己食用，还是款待客人，都显得非常大气时尚。

腌萝卜彩椒丝

胡萝卜中含有大量胡萝卜素，可改善夜盲症。这是因为胡萝卜素进入机体后，在肝脏及小肠黏膜内经过酶的作用，其中 50% 会变成维生素 A，也就是视黄醇，具有护眼明目的作用。

♡ 口味：清淡、微酸　❋ 保存期限：冷藏 1 个月

材料准备

白萝卜 ....200 克
黄柿子椒 ....50 克
红柿子椒 ....50 克

调料准备

粗盐 .... 适量
白醋 ....1/4 杯
白砂糖 .... 1 大勺
盐 .... 1 小勺
胡椒粒 ....1/2 小勺
香叶 ....2 片

操作步骤

1 白萝卜切片，再切成细丝；黄柿子椒、红柿子椒切丝。

2 将萝卜丝放入碗中，撒上粗盐，搅拌均匀，腌 10 分钟。

3 清洗腌好的萝卜丝，洗去多余的粗盐，然后沥干水分。

4 锅中倒入半杯水及腌菜汁调料并煮沸，待白砂糖完全溶化后关火。

5 把沥干的萝卜丝,切好的黄柿子椒、红柿子椒混合均匀,放入容器中。

6 倒入煮好的腌菜汁。

7 盖上盖子,冷却后放入冰箱,腌 1~2 天即可食用。

Tips

白萝卜搭配黄柿子椒、红柿子椒制作成腌菜,不仅口感好、味道足,而且色彩绚丽,非常好看。

蜜渍柠檬苹果

蜂蜜中含有淀粉酶、脂肪酶等多种消化酶，是食物中含酶较多的一种，可以改善夏季易出现的疲劳、食欲不振等现象，帮助人体消化吸收营养物质。

♥ 口味：清凉、微酸　❋ 保存期限：冷藏 1 个月

材料准备

柠檬 ....3 个
苹果 ....1 个

调料准备

蜂蜜 ....1 杯

操作步骤

1 用小苏打搓洗柠檬表皮，再用清水冲洗，沥干水分；苹果洗净，沥干水分。

2 将柠檬切成 0.5 厘米厚的片，用刀尖挑去柠檬的籽；苹果去核，切片。

3 把柠檬、蜂蜜、苹果逐层放入容器中，盖严盖子，拿起容器上下摇动片刻，放入冰箱冷藏，腌 2 天即可食用。

鲜脆腌彩椒黄瓜

彩椒可改善黑斑及雀斑，并有消暑、补血、消除疲劳、预防感冒和促进血液循环等功效，还能使血管更强健，改善动脉硬化以及各种心血管疾病。

♥ 口味：微酸、微辣　✳ 保存期限：冷藏 2 周

材料准备

黄瓜 ....1 根
黄柿子椒...................1/2 个
红辣椒 ....1 个
大蒜 ....1 瓣

调料准备

苹果醋 ....2/3 杯
白砂糖 .... 1 大勺
盐 ....2 小勺

操作步骤

1　黄瓜洗净沥干后切除两端，再切成长短适宜的段；大蒜剥皮、去蒂，拍碎。

2　黄柿子椒洗净后去掉蒂和籽，切成与黄瓜差不多长短的条；红辣椒洗净后去蒂，切成圈。

3　把 1/3 杯水及腌菜汁调料全部倒入大碗中，覆上保鲜膜，放入微波炉中加热约 3 分钟后取出，放凉。

4　把蔬菜和腌菜汁一起倒入容器中，在常温下冷却后放入冰箱，腌 2 小时即可食用。

糖渍莲子百合

鲜百合不仅具有良好的营养滋补之功，而且还对秋季气候干燥引起的多种季节性疾病有一定的防治作用。

❤ 口味：甜、微酸　　✳ 保存期限：冷藏 1 周

材料准备

新鲜莲子......................1 碗

鲜百合.........................1 碗

调料准备

盐 ....2 大勺

白砂糖.....................3 大勺

白醋.........................3 大勺

操作步骤

1 莲子与百合洗净，百合剥成一片一片的。

2 取一干净的锅，加入莲子、适量水，以大火煮滚，转小火焖煮 5 分钟。

3 加入盐、白砂糖、白醋，续煮 5 分钟后放入百合，再次煮滚即熄火。

4 将煮好的材料放凉后，倒入玻璃罐中，盖上盖子，放入冰箱腌 1~2 天即可食用。

腌胡萝卜芹菜

芹菜能缓解夏季气候干燥导致的口干舌燥、气喘心烦等不适，有助于清热解毒、防病强身。肝火过旺、皮肤粗糙及经常失眠、头疼的人可适当多吃些芹菜。

❤ 口味：清香、爽脆　　✳ 保存期限：冷藏 1 个月

材料准备

芹菜............................5 根
胡萝卜.........................2 根

调料准备

苹果醋.........................1 杯
白砂糖.......................1/4 杯
盐 .... 1 小勺
香叶...........................1 片
柠檬.........................1/2 个
胡椒粒.................... 1 小勺

操作步骤

1 芹菜洗净去筋，切成 4 厘米长的段；胡萝卜洗净，切成 4 厘米的长粗条；柠檬洗净，切小块。

2 在锅中放入腌菜汁调料和 1 杯清水，煮至白砂糖完全溶化。

3 把芹菜段和胡萝卜条放入容器中。

4 倒入热的腌菜汁，盖上盖子，冷却后放入冰箱冷藏。

5 一周后倒出腌菜汁，再次煮沸，冷却后倒入容器中；一周后重复此过程一次，再腌 1~2 天即可食用。

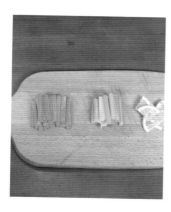  

腌双色甘蓝

紫甘蓝含有丰富的硫元素，对于夏季出现的各种皮肤瘙痒、湿疹等"烦恼"具有一定的缓解作用。硫元素的主要作用是杀虫止痒，因而经常吃紫甘蓝对于维护皮肤健康十分有益，生食效果更佳。

❤ 口味：爽口、微酸　　✳ 保存期限：冷藏 1 个月

材料准备

绿甘蓝 .... 1/2 个

紫甘蓝 .... 1/2 个

小红辣椒 .... 2 个

调料准备

米醋 .... 1/4 杯

白砂糖 .... 2 大勺

盐 .... 1 小勺

胡椒粒 .... 1 小勺

操作步骤

1 绿甘蓝和紫甘蓝剥去外层的老叶片，洗净后晾干。

2 取一片紫甘蓝叶，再取一片绿甘蓝叶，叠放在一起，切成适宜大小的方形片。

3 在锅中放入 1 杯水及腌菜汁调料，放入小红辣椒，开火，煮至白砂糖完全溶化。

4 将食材一层一层整齐地码放进容器中，倒入冷却的腌菜汁，盖上盖子，放入冰箱，腌 1~2 天即可食用。

莴笋海带腌娃娃菜

娃娃菜富含维生素 A、维生素 C、膳食纤维、钾、硒等营养成分，能清除体内的毒素和多余的水分，有利尿、消肿的作用，还能润喉祛燥，食用后使人感到清爽舒适。

♥ 口味：咸酸、脆爽　　✳ 保存期限：冷藏 2 周

材料准备

娃娃菜......................80 克
莴笋 ....100 克
海带 ....50 克

调料准备

米醋 ....1/2 杯
白砂糖 ....1 大勺
粗盐 ....适量

操作步骤

1 娃娃菜洗净，菜帮切成条，菜叶切成片；莴笋洗净，去皮，切成条。

2 海带洗净，切成小方块。

3 把娃娃菜帮放入碗中，取 2 杯水和粗盐一起煮沸，倒入碗中，腌 10 分钟；将菜叶也放入碗中，继续腌 10 分种，可搅拌 2 次。

4 腌好的娃娃菜捞出沥干，装入碗中，加入切好的莴笋，充分拌匀。

5 把混合好的娃娃菜、莴笋装入容器中，放入海带片。

6 将米醋、白砂糖、2 杯水混合均匀，煮至白砂糖完全溶化。

7 腌菜汁稍微冷却后倒入容器中，盖上盖子，冷却后放入冰箱，腌 1 天即可食用。

Tips

海带营养价值颇高，除了含有多种维生素、纤维素和矿物质外，还是防治甲状腺肿大的良药。因此在腌菜中加入海带不仅能增加口感，也更富营养。

洋葱腌樱桃萝卜

洋葱含有的辛辣物质能刺激胃肠消化腺分泌，增进食欲，促进消化，改善夏季的食欲不振现象，其含有的硫化物还能降低血液中的胆固醇含量。

♥ 口味：清脆、辛辣　　✹ 保存期限：冷藏 1 个月

材料准备

洋葱 ....1 个
樱桃萝卜 ....15 个

调料准备

陈醋 ....1 杯
白砂糖 ....3 大勺
盐 ....2 小勺
香叶 ....1 片
胡椒粒 .... 1 小勺

操作步骤

1 樱桃萝卜洗净；洋葱洗净，切成块。

2 在锅中放入 1 杯水及腌菜汁调料，煮至白砂糖完全溶化。

3 把洋葱和樱桃萝卜放入容器中，倒入冷却的腌菜汁，盖上盖子，放进冰箱，腌 2~3 天即可食用。

橘子香醋萝卜

橘子颜色鲜艳，酸甜可口，一般呈橘黄色，是人们生活中最常见的水果之一。橘子和白萝卜搭配制成腌菜，可以增加整体的酸甜口感。

♡ 口味：酸甜、爽脆　✱ 保存期限：冷藏 1 个月

材料准备

白萝卜 .... 1 根

橘子 .... 1 个

调料准备

盐 .... 1 小勺

水果醋 .... 50 毫升

酱油 .... 1 小勺

柠檬汁 .... 30 毫升

细冰糖 .... 50 克

操作步骤

1 将白萝卜洗净，对切成两半，再切成小滚刀片。

2 将白萝卜放入碗中，加入盐拌抓，静置半小时，再用冷开水冲洗净，沥干后放入碗中。

3 将橘子去皮，掰成瓣，和除盐外的调味料一起加入碗中用手拌抓入味。

4 将材料放入玻璃罐中，盖上盖子，放入冰箱冷藏 3 天后即可食用。

香橙腌冬瓜

香橙含有丰富的维生素 C，能增强人体抵抗力，还具有消痰降气、和中开胃、宽膈健脾、抗炎消肿、解鱼蟹毒等作用。

♡ 口味：酸甜、清爽　❋ 保存期限：冷藏 1 周

材料准备

冬瓜 ....600 克
香橙汁 ....1000 毫升
香橙皮 ....50 克
薄荷叶 ....5 片

调料准备

水果醋 ....100 毫升
白砂糖 ....180 克

操作步骤

1 冬瓜洗净后切大片，入滚水焯烫约 1 分钟，捞起后泡在冰水里。

2 锅中放入调料,小火煮溶白砂糖,加入香橙汁拌匀。

3 将冬瓜放入玻璃罐中，放入橙皮，倒入煮好的调味汁，再放入薄荷叶。

4 放入冰箱冷藏 1 天即可食用。

三色红枣腌菜

红枣的维生素含量非常高，有"天然维生素丸"的美誉，具有滋阴补阳、补血之功效，非常适合女性食用。

♥ 口味：清脆、微辣　❋ 保存期限：冷藏 1 个月

材料准备

红枣 .... 150 克

枸杞 .... 150 克

胡萝卜 .... 300 克

白萝卜 .... 300 克

小黄瓜 .... 300 克

红辣椒 .... 2 个

调料准备

盐 .... 70 克

白砂糖 .... 200 克

米酒 .... 200 毫升

白醋 .... 250 毫升

操作步骤

1 胡萝卜、白萝卜去皮洗净，切大丁，加入盐腌 2 小时后取出，沥干水分。

2 红枣、枸杞加适量的水煮 10 分钟后熄火，放凉。

3 小黄瓜洗净，切段；红辣椒切圆片，与所有食材和调料一起倒入玻璃罐中，盖上盖子，放入冰箱冷藏 2 天即可食用。

爽口腌西芹莲藕

莲藕中含有一种黏蛋白，能够促进蛋白质和脂肪的消化，减轻肠胃负担，改善夏季易出现的便秘。莲藕中的维生素 C 和蛋白质一起发挥效用，能起到强健胃黏膜的作用。

♥ 口味：爽脆、微酸　　❋ 保存期限：冷藏 2 周

材料准备

莲藕 .... 150 克

西芹 .... 50 克

红辣椒 .... 1 个

调料准备

米醋 .... 1/2 杯

白砂糖 .... 2 大勺

盐 .... 1/2 小勺

香叶 .... 1 片

胡椒粒 .... 1/2 小勺

操作步骤

1 莲藕洗净，去皮，切成 0.5 厘米厚的片；红辣椒洗净，切成圈。

2 西芹洗净,切去老梗,剥去老筋,切成菱形片。

3 把莲藕放入沸水中焯煮 2 分钟，捞出过一遍凉水，沥干水分。

4 在锅中放入 3/4 杯水及腌菜汁调料，煮至白砂糖完全溶化。

5 把莲藕、西芹、红辣椒放入容器中。

6 倒入热的腌菜汁。

7 盖上盖子，冷却后放入冰箱，冷藏 3~4 天即可食用。

 Tips

莲藕和西芹都属于清脆爽口的食材，因此，煮莲藕时不宜时间过长，煮太久莲藕会变粉，失去爽脆的口感。

豆芽芹菜腌海带

海带热量低且充满胶质、矿物质，其还富含可溶性纤维，比一般纤维更容易消化吸收，可帮助身体顺畅排便。

♥ 口味：清香、爽口　　✳ 保存期限：冷藏 2 周

材料准备

黄豆芽 .... 100 克
芹菜 .... 100 克
干海带 .... 5 克

调料准备

酱油 .... 2 小勺
盐 .... 1 小勺
白砂糖 .... 1 小勺
味霖 .... 2 小勺
橄榄油 .... 1 小勺

操作步骤

1 黄豆芽洗净；芹菜洗净，切段；干海带泡发，切小块。

2 将黄豆芽、芹菜和海带用沸水焯烫后，取出，放凉。

3 取一锅，注入适量清水，放入所有的调料，煮至白砂糖溶化，放凉。

4 将黄豆芽、芹菜、海带放入玻璃罐中，再倒入调料汁，盖上盖子，放入冰箱冷藏 1~2 天即可食用。

辣椒腌黄瓜包菜

用包菜做的腌菜除了含钠较多外，与未发酵包菜的营养价值大致相同。常吃包菜能增强人体免疫力，预防感冒。

❤ 口味：辣、酸甜 　✳ 保存期限：冷藏 1 周

材料准备

包菜 ....300 克
黄瓜 ....1 条
红辣椒........................1 个

调料准备

盐 ....2 小勺
冰糖 ....3 大勺
白醋 ....3 大勺

操作步骤

1 将包菜切成方块，洗净，用厨房纸吸干水；黄瓜洗净切成条状。

2 将包菜与黄瓜放入一个碗中，加入盐，搓揉出水，放置至软化，待用。

3 包菜和黄瓜放入大漏网中，用水冲洗 1 分钟，沥干水分；红辣椒洗净，去蒂，切成斜片备用。

4 将包菜、黄瓜、红辣椒、冰糖、白醋混合均匀，放入玻璃罐中，盖上盖子，放入冰箱冷藏 2 天即可食用。

柴鱼腌洋葱

柴鱼是鳕鱼的干燥制品，由于长得像柴而被人称之为"柴鱼"。柴鱼有健脾胃、益阴血之功效，在中医上被认为有补髓养精、明目增乳之功效。

♥ 口味：咸香、开胃　❋ 保存期限：冷藏 2 周

材料准备

洋葱 .... 1/2 个
柴鱼 ....50 克
黑芝麻 .... 1 小勺
白芝麻 .... 1 小勺

调料准备

柴鱼酱油.................. 1 大勺
细冰糖 ....2 小勺
白醋 .... 1 大勺

操作步骤

1 洋葱切成丝，用冰开水泡 2 分钟，取出用厨房纸巾吸干水分。

2 柴鱼撕成小片；将洋葱丝放入玻璃罐中。

3 将调味料拌匀，倒入玻璃罐中，再放入柴鱼片和黑、白芝麻，盖上盖子，放入冰箱冷藏 2 天，即可取出食用。

醋梅腌圣女果

圣女果具有生津止渴、健胃消食、清热解毒、凉血平肝、补血养血和增进食欲的功效。可缓解口渴，提高食欲。

♥ 口味：酸甜、软绵　✳ 保存期限：冷藏 2 周

材料准备

圣女果....................200 克
黄甜椒........................1 个

调料准备

白醋.....................80 毫升
白砂糖.....................80 克
梅干...........................3 颗

操作步骤

1　圣女果洗净、去蒂，底部用刀划一道；黄甜椒洗净，去蒂。

2　将圣女果和黄甜椒放入沸水锅中焯烫，取出泡冷水，圣女果从蒂掀起剥去皮，黄甜椒切成菱形片。

3　取一锅，放入白醋、白砂糖和 200 毫升水，煮至糖溶化，放入梅干煮 1 分钟至出味。

4　将圣女果和黄甜椒放入玻璃罐中，再倒入步骤 3 的汁液，盖上盖子，放入冰箱冷藏 7 天即可食用。

油渍秋葵玉米笋

秋葵含有果胶、牛乳聚糖等，具有帮助消化、治疗胃炎和胃溃疡、护肠胃之功效，秋葵还含有丰富的维生素C和可溶性纤维，不仅对皮肤具有保健作用，且能使皮肤美白、细嫩。

♥ 口味：咸香、爽脆　❄ 保存期限：冷藏1周

材料准备

秋葵 ....100 克
玉米笋 ....100 克

调料准备

新鲜迷迭香...................1 支
盐 ....10 克
橄榄油 ....2 大勺
月桂叶 ....2 片

操作步骤

1 秋葵洗净，用少许盐搓去表面的绒毛。

2 玉米笋洗净，与秋葵一起放入沸水锅中，加入少许盐，焯烫一会儿，捞出，备用。

3 将迷迭香的叶子摘下，洗净，用厨房纸巾吸干，和剩下的盐、橄榄油一起拌匀，即成迷迭香油。

4 将月桂叶、适量水放入锅中，以大火煮滚，待放凉加入迷迭香油，备用。

5 将玉米笋、秋葵放入玻璃罐中。

6 倒入做好的腌菜汁。

7 盖上盖子，移到冰箱中冷藏7天，即可食用。

Tips

腌渍秋葵前要搓去表面的绒毛。另外，无论是秋葵还是玉米笋，都要选择新鲜的、嫩的，这样做出来的腌菜口感会更加爽脆。

Chapter 4

换个口味，
腌菜变身人气料理

很多人都以为腌菜只可以做下酒菜，或者配白粥吃。其实不止这些，腌菜还可以做料理！从腌渍好的腌菜中选取出所需的食材及腌菜汁，制作成各式各样的超人气料理，既创新又非常美味，赶紧动手试试吧！

彩椒黄瓜拌鸡丝

酸酸辣辣带点甜的彩椒黄瓜拌上鸡丝，鸡丝吸收了彩椒黄瓜腌汁的味道，不用调料就已经非常够味，很适合作为晚餐食用，也非常适合正在减肥的爱美人士食用。

材料准备

鲜脆腌彩椒黄瓜（P069）..........1 碗

鸡胸肉...............................200 克

调料准备

彩椒黄瓜腌汁.......................2 大勺

操作步骤

1 鸡胸肉洗净；锅置火上，注入适量清水烧开，放入鸡胸肉，煮至肉熟，捞出。

2 待鸡胸肉放凉后，用手撕成肉丝，放入盘中，淋上彩椒黄瓜腌汁，拌匀。

3 用筷子将鲜脆腌彩椒黄瓜放在鸡丝上即可。

芦笋培根吐司

吐司和培根是绝配，但吃太多会感觉稍微有点腻，如果在这基础上再加几根清香爽脆的腌芦笋，那口感就大不一样了。明天的早餐就预定它了。

材料准备

清爽腌芦笋（P041）..............80 克
培根......................................1 片
吐司......................................2 片

调料准备

食用油................................. 适量
沙拉酱................................. 适量

操作步骤

1 取平底锅，下入少许食用油烧热，放入培根，煎至两面金黄。

2 将培根折叠放在一片吐司上，再在培根中加入芦笋条。

3 在吐司和培根、芦笋上挤上沙拉酱即可。

柠檬苹果吐司条

酸酸甜甜的柠檬苹果很适宜做酱料，将腌好的柠檬、苹果剁碎，再加入适量腌汁拌匀，将烤好的吐司条蘸上柠檬苹果酱，吃起来口感清新，有不一样的滋味。

材料准备

蜜渍柠檬苹果（P067）.........100 克

吐司.......................................2 片

调料准备

柠檬苹果腌汁...........................2 勺

操作步骤

1 取出 100 克蜜渍柠檬苹果，将柠檬和苹果切碎成柠檬苹果酱，放在味碟里，再倒入适量的腌汁。

2 将吐司切成三角形，放入烤箱中烤至吐司两面金黄、香脆。

3 将吐司摆盘，把柠檬苹果酱放在旁边，吃时蘸酱即可。

苦瓜鸡蛋饼

用腌渍过的苦瓜做苦瓜鸡蛋饼有不一样的口感，更加有滋有味。如果平时想不出做什么菜，打开冰箱，拿两个鸡蛋，夹几块腌苦瓜，就能做出一道美味可口的菜啦！

材料准备

脆腌苦瓜（P049）................80 克
鸡蛋 ....2 个

调料准备

食用油 .... 适量
盐 .... 少许

操作步骤

1 将苦瓜取出，切成碎。

2 鸡蛋打入碗中搅匀，再倒入苦瓜碎和
  少许的盐，拌匀。

3 取平底锅，注入适量食用油，倒入调
  好的鸡蛋液，摊成圆饼状，煎至两面
  凝固即可。

杂拌腌菜

将多种腌菜混合在一起，口感上显得更加有层次。牛蒡的紫苏香、西芹莲藕的爽脆、樱桃萝卜的甜辣以及芦笋的清香，在这一刻都通通涌上味蕾。

材料准备

紫苏腌牛蒡（P045）..............30 克

爽口腌西芹莲藕（P089）........30 克

洋葱腌樱桃萝卜（P081）........30 克

清爽腌芦笋（P041）..............50 克

香菜 .... 少许

调料准备

橄榄油 .... 适量

操作步骤

1 将紫苏腌牛蒡、爽口腌西芹莲藕、洋葱腌樱桃萝卜、清爽腌芦笋分别取出。

2 樱桃萝卜切成片、莲藕切成小块、芦笋切段。

3 将所有食材放入碗中，淋入橄榄油，撒上香菜，搅拌均匀即可。

紫绿甘蓝樱桃萝卜沙拉

紫甘蓝本身就非常适合做沙拉，加上绿甘蓝和樱桃萝卜，口感更加丰富，浇上辣椒油，那清爽酸辣的口感，太美妙了！

材料准备

腌双色甘蓝（P075）............100 克
洋葱腌樱桃萝卜（P081）........50 克

调料准备

橄榄油 .... 适量
辣椒油 .... 适量

操作步骤

1 将紫、绿甘蓝切成丝；樱桃萝卜切成丝。

2 将紫、绿甘蓝丝，樱桃萝卜丝放入碗中，加入橄榄油，辣椒油，搅拌均匀。

3 将拌好的沙拉摆盘即可。

蒜薹炒鸡胸肉丁

腌渍过的蒜薹有着剁椒的酸辣味道，和鸡胸肉一起炒食，让鸡胸肉也增添了几分滋味。

用来配饭、配小酒都是不错的选择。

材料准备

剁椒腌蒜薹（P051）............120 克

鸡胸肉.................................200 克

调料准备

盐 ....2 克

料酒.....................................3 毫升

橄榄油 .... 适量

操作步骤

1 将鸡胸肉洗净，切成丁；蒜薹切成小段，备用。

2 锅中注入适量橄榄油烧热，下入鸡胸肉，炒至变色，淋入料酒，炒匀。

3 倒入蒜薹，翻炒均匀，下入盐调味即可。

莲子百合拌豆干

莲子、百合本身都是非常清淡爽口的食材，因为腌渍过，增添了些酸甜的味道。和豆干一起拌食，低热量低脂肪，素素的，很健康。

材料准备

糖渍莲子百合（P071）.............1 碗

豆干 ....1 块

香菜末................................. 少许

调料准备

莲子百合腌汁 ....1 大勺

盐 ....1/2 小勺

香油 .... 少许

操作步骤

1 豆干洗净，切丁，下入滚水中焯烫后，捞出沥干水分。

2 将豆干丁与糖渍莲子百合、香菜末、调味料拌匀即可。

蟹柳洋葱丝

腌渍后的洋葱，口感柔和了不少，也吸收了柴鱼的咸香味。蟹柳搭配洋葱丝，满满的海洋风味，再浇上味汁，简直是绝配！

材料准备

柴鱼腌洋葱（P097）...............1 碗

蟹柳 ....8 根

香菜 ....1 根

调料准备

黑胡椒碎..................................1 克

香油 .... 适量

酱油 .... 少许

操作步骤

1 蟹柳下入沸水锅中，焯烫一下捞出，沥干，装盘。

2 取洋葱丝，放在摆好的蟹柳上；香菜洗净，切成碎，撒在洋葱、蟹柳上。

3 将黑胡椒碎、香油、酱油做成味汁，淋在食材上即可。

开胃肉丝

橘子、白萝卜都是比较开胃助消化的食物，经过醋的腌渍后效果更加明显。将肉丝与橘子、白萝卜搭配拌食，可以解油腻，使整道菜的口味更加清爽。

材料准备

橘子香醋萝卜（P083）.............1 碗
猪肉丝..................................100 克

调料准备

橘子香醋汁............................1 大勺
酱油.....................................2 小勺
玉米粉..................................2 小勺
食用油..................................2 大勺

操作步骤

1 橘子切成两段；萝卜切成三角形。

2 将猪肉丝放入大碗中，加入橘子香醋汁、酱油、玉米粉，再用手抓匀，腌渍约 10 分钟。

3 热锅倒入油，放入肉丝，转小火将肉丝过油至肉熟，捞出，沥干油分。

4 取一碗，放入切好的橘子、萝卜以及肉丝，搅拌均匀即可。

圣女果豆腐

将豆腐煮熟，再放上腌渍好的圣女果和甜椒，出品不仅颜值高，味道也不赖，很适合小朋友和老年人食用。

材料准备

醋梅腌圣女果（P099）............3 颗

嫩豆腐 ....1 块

甜椒片 .... 适量

调料准备

醋梅腌汁 ....2 大勺

盐 ....1 小勺

操作步骤

1 锅中加 2 杯水及 1 小勺盐，以大火煮滚，将豆腐放入锅中煮 2 分钟，去除水分，取出摆盘，备用。

2 甜椒片切成碎，备用。

3 将豆腐用小刀转圆方式在表面挖 3 个洞，将圣女果分别塞进洞中，撒上甜椒碎，淋上醋梅腌汁即可。

木耳拌牛蒡

腌渍后的牛蒡别有一番风味，牛蒡搭配木耳，再加入适量的红辣椒和香菜末，非常开胃的一道下饭菜就完成了！

材料准备

紫苏腌牛蒡（P045）............ 100 克

黑木耳.................................. 80 克

红辣椒.................................... 1 个

香菜末.................................. 少许

调料准备

紫苏牛蒡腌汁 .... 半碗

香油 .... 1 小勺

操作步骤

1　黑木耳洗净，切丝，再放入滚水中煮
　　5 分钟，捞出。

2　红辣椒洗净，去蒂，去籽，切细碎。

3　取一碗，放入牛蒡、黑木耳、红辣椒
　　碎，搅拌均匀，淋上香油、腌汁，撒
　　上香菜末，拌匀即可。

彩椒牛肉

腌渍后的彩椒虽然没有新鲜的好看，但口感却是一流。用它来炒牛肉既能刺激味蕾，又能强身健体，小朋友都很适合吃呢！

材料准备

腌萝卜彩椒丝（P063）...........50 克

姜丝 ....5 克

牛肉 ....200 克

调料准备

酱油 ....3 小勺

玉米粉 ....2 小勺

沙拉油 ....2 大勺

料酒 ....1 大勺

操作步骤

1 将牛肉切成丝，加入姜丝、酱油、料酒拌抓，再加入玉米粉、少量的沙拉油拌匀，备用。

2 将腌萝卜彩椒丝中的红柿子椒取出，切成细丝，待用。

3 热锅倒入剩下的沙拉油，放进拌好的牛肉丝，炒至变色，再放入红柿子椒丝，翻炒均匀即可。

秋葵玉米笋炒肉末

腌渍后的秋葵和玉米笋香气扑鼻，爽脆可口。但总觉得差了点什么，没错，那就是肉！
秋葵、玉米笋与猪肉末炒食，荤素搭配，非常营养美味！

材料准备

油渍秋葵玉米笋（P101）......200 克

猪肉末..................................150 克

红辣椒末...............................10 克

调料准备

酱油 ....2 小勺

豆瓣酱 ....1 小勺

白砂糖 ....1 小勺

黑芝麻 ....1 小勺

沙拉油 ....1 大勺

操作步骤

1 将猪肉末放入一大碗中，放入酱油、
豆瓣酱、白砂糖、黑芝麻及一小勺水，
用手抓拌匀。

2 锅置火上，下入沙拉油，倒入腌好的
猪肉末，炒香至熟，加入红辣椒末拌
匀，取出，备用。

3 秋葵、玉米笋切成圈，拌入肉末中即可。

栗子焖鸡

栗子焖鸡是许多人都很喜爱的一道菜肴，那么，用糖渍栗子做出来的栗子焖鸡你又吃过没？相信能给你不一样的味蕾体验哦！

材料准备

糖渍栗子（P027）.............150 克

鸡肉.............................200 克

姜片...............................2 片

香菜末、蒜末 ....各适量

调料准备

盐 ....2 克

料酒...............................1 小勺

酱油...............................1 大勺

食用油、水淀粉 ....各适量

操作步骤

1 把鸡肉洗干净，切小块，加姜片、酱油、料酒抓匀，腌渍 20 分钟。

2 锅置火上，注入适量油烧热，放入蒜末炒香，将鸡块倒入锅中，炒至变色。

3 倒入糖渍栗子，一起翻炒，加入适量清水，加盖焖煮片刻，加入盐、水淀粉，炒匀收汁，撒上香菜末即可。